传承与振兴·乡村里的非遗

中国式现代化出版实践范例

副主编 金万里 李春海 石玉玲

主编 刘延晖 孟庆旺 徐明辉

主审 王玉琦 徐峰

茶艺里的家国情

东北大学出版社

Ⓒ 刘延晖　孟庆旺　徐明辉　2023

图书在版编目（CIP）数据

茶艺里的家国情 / 刘延晖，孟庆旺，徐明辉主编
. 一 沈阳：东北大学出版社，2023.7
　　ISBN 978-7-5517-3329-8

　　Ⅰ．①茶… Ⅱ．①刘… ②孟… ③徐… Ⅲ．①茶文化
—文化史—中国 Ⅳ．①TS971.21

　　中国国家版本馆 CIP 数据核字（2023）第 136413 号

出 版 者：东北大学出版社
　　　　　　地址：沈阳市和平区文化路三号巷 11 号
　　　　　　邮编：110819
　　　　　　电话：024-83680176（总编室）　83687331（营销部）
　　　　　　传真：024-83687332（总编室）　83680180（营销部）
　　　　　　网址：http: // www. neupress. com
　　　　　　E-mail: neuph@neupress. com
印 刷 者：辽宁一诺广告印务有限公司
发 行 者：东北大学出版社
幅面尺寸：170 mm×240 mm
印 　 张：8
字 　 数：120千字
出版时间：2023年7月第1版
印刷时间：2023年7月第1次印刷
策划编辑：潘佳宁　刘桉彤
责任编辑：向　阳　孙德海　薛璐璐
责任校对：乔　伟
封面设计：琥珀视觉　潘正一

ISBN 978-7-5517-3329-8　　　　　　　　定 价：39.00元

序言

插上非遗翅膀，助力乡村振兴

2022年12月12日，习近平总书记对非物质文化遗产保护工作作出重要指示强调：要扎实做好非物质文化遗产的系统性保护，更好满足人民日益增长的精神文化需求，推进文化自信自强。2023年1月2日，《中共中央　国务院关于做好2023年全面推进乡村振兴重点工作的意见》指出：实施文化产业赋能乡村振兴计划。出版单位作为文化产业的核心力量，有责任也有义务助力乡村振兴。策划出版推介有关传承和保护非物质文化遗产的系列图书，必然会在乡村文化振兴和乡村产业振兴中贡献智慧和力量。

"传承非遗，势在必行。"党和政府高度重视非物质文化遗产保护工作。2021年5月25日，文化和旅游部印发的《"十四五"非物质文化遗产保护规划》指出，"十四五"时期是全面提高我国非物质文化遗产保护能力和水平的重要时期，必须加强非物质文化遗产系统性保护，健全非物质文化遗产保护传承体系。2021年8月，中共中央办公厅、国务院办公厅印发的《关于进一步加强非物质文化遗产保护工作的意见》指出，保护好、传承好、利用好非物质文化遗产，对于延续历史文脉、坚定文化自信、推动文明交流互鉴、建设社会主义文化强国具有重要意义。同时指出，在实施乡村振兴战略和新型城镇化建设中，发挥非物质文化遗产服务基层社会治理的作用，将非物质文化遗产保护与美丽乡村建设、农耕文化保护、城市建设相结合，保护文化传统，守住文化根脉。

"传承非遗，创新先行。"中华非物质文化遗产种类繁多、形式丰富，包括民间文学、民间工艺、非遗传承人等。《传承与振兴·乡村里的非遗》系列丛书按照非物质文化遗产种类分篇，以讲述非物质文化遗产的历史起源、融合发展、保护传承为主要内容，包含追根溯源、传承技艺、振兴记忆、非遗名片、诗文链接、名词释义、拓展阅读等栏目，图文并茂，深入浅出，具有较强的知识性和可读性。在媒体融合方面，将"舌尖上的非遗""耳朵里的非遗""眼眸中的非遗"等短视频通过扫描二维码的方式嵌入书中，真正达到"足不出户、纵览非遗"的效果。同时，策划非遗相关文创产品，设计非遗文化旅行路线，通过非遗图书带动非遗市场。

"传承非遗，力学笃行。"丛书在出版过程中组建了若干团队。丛书编写创作团队长期工作在非遗一线，熟知非遗历史根脉，与非遗传承人保持紧密联系。丛书策划编辑团队奔赴全国各地实地考察调研非遗现状，获取第一手非遗资料，亲身经历体验非遗文化。丛书审稿专家团队在非遗研究领域具有较高的知名度和美誉度，力保非遗内容准确无误。丛书设计制作团队参考市场上的大量非遗图书封面和版式，力求非遗内容完美呈现。丛书编辑校对团队、文创设计团队、宣传推广团队等，为打造非遗精品系列图书倾尽全力。

"十年树木，百年树人。"2023年，东北大学定点帮扶云南省保山市昌宁县已十年，正值东北大学建校百年。十年昌宁定点帮扶取得显著成效，百年东北大学育人取得丰硕成果。系列丛书的出版既有"传承非遗，振兴乡村"之寓意，也蕴含着"传承百年，振兴东大"之深意。

"插上非遗翅膀，助力乡村振兴。"寄期丛书的出版能够在传承非遗的同时助力乡村振兴，能够通过乡村文化振兴带动乡村产业振兴，同时探索中国式出版现代化的实践路径，力争为出版行业高质量发展贡献绵薄之力。

丛书编委会

2023 年 5 月 4 日

目录

澜沧江水
烹新茗

滇红茶，以金毫显露和特有的香高味浓的品质著称于世，是世界茶叶市场上著名的红茶品种。滇红茶外形条索紧结，干茶色泽乌润，内质汤色艳亮，香气鲜郁高长，滋味浓厚鲜爽。但是很多人不知道，滇红茶并不是由古法传统制作的，它是在战火纷飞的抗战时期诞生的，是时势和机遇造就了它。

非遗名片

红茶，为山茶科植物茶的嫩叶或嫩芽。红茶并不是天然生长的，而是在明末清初，在绿茶的基础上制作而成的。

滇红是云南红茶的简称，属红茶类。由汉族茶农创制于民国时期。产于云南省南部与西南部的临沧、保山、西双版纳、德宏等地。以大叶种红碎茶拼配形成，定型产品有叶茶、碎茶、片茶、末茶4类，共11个花色。

艰难试制，一举成名

据《神农本草经》记载，传
说神农尝百草时，一天遇到七十
二毒之后，得茶而解。中国的饮
茶文化有十分悠久的历史，而且
世界上很多地方的饮茶习惯都是
从中国传过去的。所以，饮茶是
中国人首创的，世界上其他地方
的饮茶习惯、种植茶叶的方法都
是直接或间接地从中国传过去

◎ 非遗名片

　　冯绍裘（1900—1987），字挹群，湖南衡阳人。机制茶之
父、滇红创始人，中国著名红茶专家。他一生潜心茶叶研究
和生产，改写了戴维斯描述的云南茶叶历史。他寻得中国红
茶宝地，创制出世界一流红茶，开启了中国红茶的新纪元，
为我国培养出大批茶叶专家。

的。而说到滇红茶，就不得不提到一个人——冯绍裘。

1938年秋到1941年秋，著名红茶专家冯绍裘深入调查、反复研究并改进工艺，成功创制出滇红名茶，开启了我国"滇红"的历史。

1937年7月7日，卢沟桥事变爆发，日寇开始全面侵华，我国大片国土相继沦陷。国内工厂机构纷纷迁往西部，战火绵延至我国东南各省茶区，重点茶区相继沦陷，茶叶生产受到制约和破坏。传统的出口创汇产品——祁红、闽红（均由小叶种茶制造）等红茶货源被切断。为了维护中国红茶在国际上的外销市场，中国茶叶公司开始寻求开辟新的出口红茶货源基地，并在西南各大茶区组织扩大茶叶生产，继续茶业出口换取外汇，购买武器等军需支援抗战。1938年夏，中国茶叶公司安排专员郑鹤春、技术员冯绍裘前往云南调查茶叶产销情况，以求扩大茶源，增加出口。

临行前，负责茶叶产销工作的吴觉农找到冯绍裘、郑鹤春谈话，吴觉农说："茶叶是中华的国饮，茶叶经济十分重要，尤其是现在战事紧张的时候，为了挽救中华民族，政府需要充实经济资源，亟待谋取大后方的发展。"

顺宁（今云南凤庆）实验茶厂精制部楼西侧

"茶叶成了国防物品，它可以换取军需，赢得战机。后方特别是云南茶叶的发展可以弥补战区各省的茶叶损失，维护华茶的国际市场和国际经济地位。绍裘，今天我把鹤春你们二位找来，就是要把这个十分重要的任务交给你俩，你俩考虑两天来答复我。"

筛茶工人用麻索将篾筛吊在竹竿上抖茶

　　冯绍裘和郑鹤春接到这个任务后，心情十分复杂，云南的人文、气候、地理状况和茶叶生产方式、茶叶品种都与中原一带有很大区别，不要说制茶困难，单是交通就很艰难。然而，为了能给国家争取到更多的外汇，为了争取抗战的早日胜利，第二天，他们就表示，无论前面的道路具有多少困难险阻，无论云南茶区环境有多恶劣，他们都会勇往直前。

　　1938年10月中旬，冯绍裘一行由昆明沿滇缅公路往西乘车三天到达下关，再由下关一路骑马、步行十来天，于11月初到达顺宁（今云南凤庆）。当时已是秋末冬初时节，却见凤山茶树成林，一片黄绿，茶壮叶肥，白毫浓密。顶芽长达寸许，成熟叶片大似枇杷叶，嫩叶含有大量茶黄素，产量既高品质又好，这些云南大叶种茶的特点，非常适合制茶。冯绍裘一行欣喜若狂。

一向不生产红茶的云南，能否生产出好的红茶呢？从调查的情况来看，是完全可能的。如何采用大叶种茶创制出好的红茶？作为国内有名的制茶技师，冯绍裘怀着满腔热忱，决心一试。后来据一些知情人回忆，冯绍裘基本上是按制造"祁红"的工艺来操作的，其间根据大叶种茶的性变，也作了一些工艺上的改进和创新。正是这一工艺，使滇红既有祁门红茶之香气，又有印、锡（斯里兰卡）红茶之色泽。

第二天，冯绍裘请凤山茶园茶农试采"一芽二叶"样品，亲自动手试制红茶、绿茶两个茶样。开汤品验，两个茶样，看去一红一绿，宛如一金一银，使人不胜欣喜。红茶样：满盘金色黄毫，汤色红浓明亮，叶底红艳发光，香味浓郁，为国内其他省小叶种的红茶所未见。绿茶样：满盘银白毫，汤色黄绿清亮，叶底嫩绿有光，清香悠长，亦为国内其他绿茶所稀有。

技工用专用布袋打头子茶

拣剔工艺

于是，他采摘了5000多克一芽二叶的鲜叶，亲自制作了红茶、绿茶各500克，寄往香港茶市，随即被誉为红、绿茶中之上品。

1938年12月6日，开办顺宁实验茶厂，负责红茶的试制生产和运销工作，拟将红茶取道滇越、滇缅出口换汇。

在试制红茶期间，由于鲁史古道地处山区，交通不便，百余里山路，只能靠骡马驮运，机器设备必须在大理拆卸成零件，再用马帮驮运到顺宁，来回需费时半月。为了早日试制成功，冯绍裘等人决定土法上马，使用人力手推木质揉茶桶、脚踏烘茶机、竹编烘笼烘茶等办法，保证"滇红"试制工作顺利开展。鲁史古道也成为那段日子唯一驮运过红茶的茶马古道。

1939年，第一批滇红约500担终于试制成功了。当时没有木箱铝罐，冯绍裘就先用竹编茶笼将红茶运到香港，再改用木箱铝罐包装。

冯绍裘起初为新产品定名"云红"，意同安徽"祁红"、湖南"湖红"，又因云南早晚天空多有红云，"云红"也将此种自然美景暗

寓其中。但云南茶叶公司方面提议用"滇红"雅称，借云南简称"滇"之典故，又借巍巍西山龙门之下早晚霞映红的滇池一水，冯绍裘遂将"云红"更名为"滇红"。

首批500担滇红茶经香港出口到英国，首次亮相国际舞台，以其形美色艳、香高味浓轰动世界，一举成名。国际茶人纷纷夸赞："云南茶叶以此为最。"首批滇红茶便以每磅800便士的当时最高价格售出，创下国际红茶市场价格新高。从此，"滇红"成为抢手的贸易商品，身价一路高涨。

出口创汇，支援抗战

战争是物资的消耗，是交战双方物资和补给力量的较量。抗战时期，盟国提供给中国的援助物资大都要求以中国的农产品和矿产品作担保。当时中国出口贸易的农产品以茶叶为主。出口滇红所创

滇红博物馆中
抗战时期的文件

收的高额外汇，一方面被用于购买军火和军需物资投入抗战；另一方面换回大后方工农业发展和人民生活所需的物资，缓解了大后方的物资紧张，对保障民生起到了积极作用。

滇红是在抗战需要中催生的，在抗战岁月中发展，出口后又换回一大批军火、原材料、机器设备及其他物资，有力地支援了抗战。因滇红与抗战的这份特殊关系，滇红茶又被称为抗战之茶。

新中国成立后，技术人员继续不断试验和改进滇红生产工艺，使其品质不断提高，多款精品屡次刷新世界红茶市场的最高售价，成为我国茶史上一朵灿烂的名茶之花。

滇红茶一直出口英国、美国、俄罗斯等国家。在当时，有"1吨'滇红'换10吨钢"的说法。出口滇红茶，在高峰时一度占云南茶叶出口额的85%以上，为当时相对薄弱的国家经济建设立下了汗马功劳。

20世纪50年代修建的工夫红毛茶仓库

1959年开始，滇红被国家定为外事礼茶，定型定量生产，供国务院使用，直至20世纪80年代才开始内销。

滇红集团有机茶园

经过多年的发展，滇红茶产业不断发展壮大。春去秋来、花开花落，从20世纪60年代到改革开放40多年后的今天，滇红茶的发展历程尽管艰辛而曲折，但始终势头不减，茶人们发展滇红的目标从未动摇。滇红作为一颗世界明珠，不仅永葆"名茶"之位，而且远销世界各地，名扬中外。

如今的滇红，正在续写自己"爱国"的传奇故事，继续坚守初心，传承家国情怀，努力为国家和人民创造新的辉煌！

传承
技艺

滇红茶的外形各有特定规格，身骨重实，色泽调匀，冲泡后汤色红鲜明亮，金圈突出，香气鲜爽，滋味浓强，富有刺激性，叶底红匀鲜亮，加牛奶仍有较强茶味，呈棕色、粉红色或姜黄鲜亮，以浓、强、鲜为其特色。采用优良的云南大叶种茶树鲜叶，经萎凋、揉捻或揉切、发酵、干燥等工序制成成品茶。

匠心红茶，首次亮相

昌宁红茶历史

云南省保山市昌宁县最大的一棵栽培型古茶树，树高 10 多米，经过专家鉴定，树龄约在 2500 岁，在当地出土的古代哀牢国青铜文物中，也有茶罐形状的容器，所以专家们认为昌宁茶叶栽培可追溯至哀牢国时期。

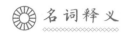
名词释义

哀牢国

　　哀牢国是有史料记载以来的第一个傣族政权，也是形成当今傣族的重要载体。哀牢国大约形成于公元前5世纪初，公元69年东汉朝廷以其地设永昌郡（今云南保山）。哀牢国的统治中心位于"勐掌"（保山盆地），疆域包括今中国云南省怒江傈僳族自治州、大理白族自治州、普洱市、西双版纳傣族自治州、临沧市、保山市、德宏傣族景颇族自治州、玉溪市西端、红河哈尼族彝族自治州西部，以及缅甸掸邦、克钦邦、曼德勒省北部，老挝丰沙里省、琅南塔省。

因为昌宁县存有文物"武侯石柱",所以民间传说昌宁茶的栽培技法是诸葛亮南征时期传授的。昌宁茶史典籍可查到距今567年,明代早期的《景泰云南图经志书》写道:"其孟通山所产细茶,名湾甸茶,谷雨前采者为佳。"意思是孟通山上面生产的细茶,名字叫作湾甸茶,在谷雨节气采摘的是最好的。那个时候云南的地方官员称为土司,而湾甸土司所管辖的地方,大多是蛮荒之地,经济发展水平很低,既无特产又无宝物。

名词释义

湾甸

湾甸傣族乡,隶属云南省保山市昌宁县,地处昌宁县西南部,东与更戛乡接壤,南以镇康河为界,西与施甸县连接,北与鸡飞镇相连。2019年7月24日,湾甸傣族乡入选2019年全国农业产业强镇建设名单。

相传有一年,皇帝召各地土司进京觐见。当时的湾甸土司不知道该带什么贡品,急得不行。口渴了,就泡

了一壶采自孟通山上的细茶解渴,心中的燥热在不知不觉中祛除。于是他灵机一动,就用骡马驮了一些茶叶作为贡品动身前往京城。

皇帝——看过所有官员的贡品，不是金银财宝就是名优特产，最后竟被角落里最不起眼的茶叶吸引了。于是命人现场冲泡一杯，顿时茶香四溢，皇帝迫不及待地喝下后，感觉神清气爽。于是，便将其他地方献上的贡品尽数赏赐给送茶的湾甸土司，并指定这看似粗糙的茶叶为御用茶品，要求每年进贡。就这样，土司贡茶成为昌宁县直到今天仍广为流传的一个故事。

非遗名片

《茶经》是中国乃至世界现存最早、最完整、最全面介绍茶的一部专著，被誉为茶叶百科全书，由唐代陆羽所著。此书是关于茶叶生产的历史、源流、现状、生产技术以及饮茶技艺、茶道原理的综合性论著，是划时代的茶学专著、精辟的农学著作和阐述茶文化的书。将普通茶事升格为一种美妙的文化艺能，推动了中国茶文化的发展。

坚守初心，走向辉煌

最初，滇红茶的生产工艺比较简单，茶叶质量也参差不齐。但是，随着时间的推移，滇红茶的生产技术不断改进，茶叶的品质得到了提高。

新中国成立后，我国开始重视茶叶产业的发展，大力支持茶叶生产和技术改进。云南省的滇红茶也得到了政府的关注和支持。政

府在茶叶种植、制作和销售等方面进行了规范，使滇红茶的质量进一步提高。

20世纪60年代，滇红茶开始走向国际市场，逐渐成为全球著名的红茶品牌之一。今天，滇红茶已经成为中国茶叶出口的主要品种之一，被广泛应用于国内外各种场合。

总之，滇红茶作为中国茶叶的代表，凭借其独特的口感和香气，在国内外享有盛誉。从其发展历程可以看到，滇红茶不仅是一种茶叶，更是一个文化符号，是中国传统茶文化的重要组成部分。

2014年，滇红茶制作技艺入选第四批国家级非物质文化遗产代表性项目名录。

纵观馆藏，博古通今

　　凤庆滇红茶博物馆是全国首家专门展示滇红茶相关主题的博物馆，以滇红茶的演变轨迹为主线，体现了人类从农耕文明向现代文明的发展历程。

　　凤庆滇红茶博物馆于2019年9月19日建成开馆，位于凤庆文庙广场，建筑面积2726.9平方米。凤庆滇红茶博物馆是以展示凤庆滇红茶发展历史为主题的县级博物馆，展品总数300多件，展出了上至新石器时代，下迄近现代的文物，种类涵盖青铜器、金银器、陶瓷器、农具、家具、茶叶标本、茶品种标本、制茶工具、民族服饰等。它是展示云南文化、滇红茶文化的一个重要窗口。

凤庆还有一座红茶博物馆——滇红活态博物馆。它位于凤庆安石村，属于滇红第一村核心区建设项目之一，按照20世纪50年代风格重建，对老博物馆修缮、保护与布展。它由序厅、第一展区"一片茶叶连接世界"、第二展区"滇红传承 工匠精神"、第三展区"红彦车间 滇红工夫"四部分组成，讲述了凤庆茶叶的起源和历史、滇红诞生、滇红的抗日救国、滇红出口创汇，以及滇红的传承和发展。

滇红活态
博物馆

振兴记忆

> 凤庆滇红茶博物馆利用陈列和展览进行爱国主义教育，为观众提供文物图书资料、信息等其他服务。通过对凤庆滇红茶博物馆的现场观摩学习，参观人员加深了对滇红茶文化与茶产业发展历程的了解，树立了"传承红色基因、振兴特色产业"的理想。

诗文链接

红茶花

唐·司空图

景物诗人见即夸，岂怜高韵说红茶。

牡丹枉用三春力，开得方知不是花。

别具匠心
法空前

　　滇红是一种全发酵茶，根据制作工艺的不同，可分为滇红工夫红茶和红碎茶。其中，滇红工夫红茶采摘标准以一芽二、三叶为主，经萎凋、揉捻、发酵、干燥等工序制成成品茶。

昌宁红茶
技艺

　　将刚从树上采下的新鲜细嫩的茶叶摆放在通风透气的竹帘上散发水分的过程称为萎凋；当水分散失到一定程度，茶叶变成萎松时，再放入有棱骨的揉捻机内揉捻，将茶汁揉出，使茶叶成条；将揉好的茶叶放在木制的盘内，在适宜的温度、湿度条件下，茶叶逐渐变红，并散发出一股苹果香味，这时再把茶叶放到烘干机里烘干至可以捏成粉末时，红茶就制成了。

这种茶叶因为加工精细，费时较多，称为工夫红茶；又因为这种红茶呈条形，也称为红条茶。

滇红工夫红茶内质香郁味浓，香气以滇西茶区的云县、凤庆、昌宁为好，尤其是昌宁部分地区所产的工夫茶，香气高长，且带有花香。滇南茶区工夫茶滋味浓厚，刺激性较强；滇西茶区工夫茶滋味醇厚，刺激性稍弱，但回味鲜爽。

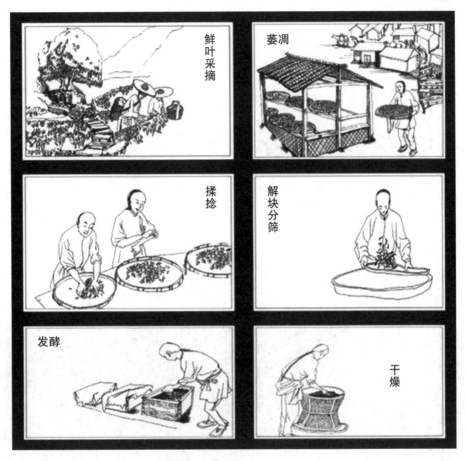

滇红茶传统初制加工技艺图

滇红茶的生产，一直传承着滇红茶人匠心制茶的精神，他们以鲜叶为基础，萎凋是前提，揉捻是关键，发酵为中心，干燥是保证，简称红茶初制"把五关"。

精心挑选，采摘鲜叶

鲜叶质量，是茶叶品质的基础。滇红茶以凤庆大叶种茶的鲜叶为原料，芽叶肥硕，茸毛密集。在品种优良的条件下，鲜叶质量必须讲求嫩度、匀度、鲜度、净度四个方面。

采鲜

茶叶的采摘应该并且必须始终以嫩度为前提、匀度为中心、鲜度为重点，同时重视净度。

勤劳的云南人民对茶有着特殊的情感，天赐的纤纤嫩芽，每次都会精心采摘。采摘下来的鲜叶必须马上送到红茶厂，避免鲜叶长时间堆放，氧化变红，影响红茶的口感。"与时间赛跑"是云南人对滇红的执着。

根据市场需求，不同级别的滇红工夫茶应采用不同标准的鲜叶。滇红工夫茶的鲜叶采摘标准为单芽、一芽一叶初展、一芽一叶、一芽二叶初展、一芽二叶、一芽三叶初展及同等嫩度的单叶、对开叶。

鲜叶萎凋，馥郁芬芳

萎凋

　　将鲜叶采摘下来后，要对鲜叶进行萎凋，就是在一定的温度、湿度条件下，将新鲜叶子均匀摊放。这一步需要把茶鲜叶摊得很薄，让茶叶能充分接触到空气，适度促进鲜叶酶的活性，使茶中所含物质发生适度的物理化学变化。同时，散发部分水分，使茎、叶萎蔫，色泽暗绿，青草气散失消退而产生清香，并产生水果香或花香，成茶滋味醇厚而不苦涩。

滇红茶与普洱茶的区别

外形上，滇红茶主要以散茶为主，普洱茶主要以紧压茶为主。制作工艺上，红茶是先发酵茶，生产结束后，发酵也就停止了；而普洱茶是后发酵茶，在储藏的过程中一直进行自然发酵，即使是人工发酵的熟茶，也会继续发酵。所以，普洱茶还有生茶与熟茶之分，而滇红茶则没有。

鲜叶萎凋

滇红工夫红茶，不仅要具有优良的色、香、味内质，而且要具有条索紧直、锋苗完整、色泽油润的外形。因此，对鲜叶进行适度萎凋，是滇红工夫茶品质优良的前提。

鲜叶从茶树上采下以后，芽叶内含水量一般在75％左右，整个芽叶细胞内部与间隙都充满水分，叶子的质地非常脆，在受到外部压力时，容易折断成为细碎叶片。但是经过萎凋工艺处理，当叶子失去一部分水分后，其韧性就大大增强了，叶片柔软，揉捻时将其卷曲成条就不易破碎了。

同时，伴随着水分的散发，叶组织内部各种内含物质也会发生一系列的物理化学变化，使酶的活性提高，促使不溶性的蛋白质、淀粉等分解，茶多酚开始氧化，为形成高品质的滇红茶奠定基础，也为下一步工序创造条件。

传统的萎凋方法有日光萎凋（日晒）、室内自然萎凋（摊晾）以及兼用上述两种方法的复式萎凋。现在也采用人工控制的半机械化萎凋设备——萎凋槽，又叫加温萎凋。

日光萎凋是在户外有日光的自然条件下使叶子萎凋的方法。影响因素有光照强度、摊叶厚度、摊叶匀度和萎凋时间等。萎凋过程要掌握"弱光萎凋、摊叶均匀、嫩叶老萎、老叶嫩萎"的原则。

室内自然萎凋是利用自然空气对流蒸发鲜叶内水分，要求室内通风透气良好，整洁卫生，避免阳光直射。

萎凋槽萎凋是将鲜叶摊放在萎凋槽中进行失水的过程。这种方法可以缩短萎凋时间，提高生产效率，是现代茶叶企业红茶生产中重要的工艺方法。摊叶厚度则视鲜叶情况而异。

茶烟尚绿，轻揉慢捻

揉捻是形成滇红茶内质和外形的重要工序，通过揉捻工序的技术处理，可使产品的外形条索紧直匀整，内质滋味醇厚。

通过揉和捻的力的作用，将萎凋适度的叶片组织破坏，使茶汁外溢附于叶面，缩小叶片面积，紧卷成条，塑造成条形茶，改变茶叶的形状。同时，使多酚类化合物与多酚氧化酶和氧气充分接触，加剧酶的促氧化作用，继而发生一系列物质转化，促进"发酵"的进行。

滇红工夫茶茶汤

揉捻的目的，一是破坏叶片组织，塑造茶叶外形；二是随着叶片组织被破坏，促进叶片组织内含物质的聚合及其协调变化。

在揉捻过程中，揉捻时间对揉叶质量的影响比较显著。揉捻时间要根据叶子的老嫩或萎凋程度而定。揉捻时间过短，条索不紧，粗大茶条多，碎末较少，成茶茶汤淡薄；揉捻时间长，虽然能减少粗大茶条，但是短碎、叶尖折断、碎末多，成品的形状也不整齐了。揉捻程度的轻重，与叶片组织的破损率及内质的色、香、味关系更大。压力大则条索紧结，但压力过大，叶条容易结团并且断碎，成品的汤色和滋味也不理想；压力过小，叶条粗而松，甚至达不到揉捻的目的。滇红要揉捻充分，一般时间控制在70～90分钟。

传统手工揉捻

机械揉捻

发酵添香，自然地道

发酵是保障红茶品质的关键环节，是多酚类化合物的酶促氧化作用，产生一系列鲜叶内含物质的氧化、聚合、缩合，形成如茶黄素、茶红素等有色物质，同时形成特殊香味物质的生化转化过程。

传统手工发酵

　　发酵的原理是，利用空气中的氧和多酚氧化酶的活性，促进多酚类化合物发生深刻的氧化与缩合，并随之引起其他生化成分的变

化，综合形成红茶特有的品质。发酵的方式主要有自然发酵和发酵机发酵两种。在专用发酵室发酵，发酵室要求空气对流良好，氧气充足，清洁卫生，室内温度20~23℃、相对湿度95%以上。发酵一般在专用发酵箱中完成，发酵箱中的盛叶量视原料老嫩而异，细嫩原料摊叶厚度为10~12厘米，较粗老的原料则为12~15厘米。发酵时，在叶子上盖上湿布，每间隔25~30分钟翻动1次，滇红工夫红茶一般需发酵7小时左右。生产中必须结合发酵叶的香气、色泽的变化综合判断发酵程度。其香气由强烈青草气到青草香到花香到果香次第变化，其色泽由青绿色到青黄色到黄色到黄红色到橙红色到棕红色不断过渡，以"发酵茶坯香气为花果香、色泽为棕红色"为发酵适度的感官标志。

烘焙干燥，品质保障

干燥俗称烘干，是滇红茶制作的最后一道工序。干燥可采用手工烘焙和机械烘焙两种方法。

干燥

即便前期鲜叶的品质水平高，萎凋、揉捻、发酵技术处理得当，但若最后一步烘干处理不好，轻则降低品质，重则造成劣质产品出现，前功尽弃。因此，烘干是滇红茶品质的保证。

 非遗名片

昌宁红茶

　　昌宁红茶，是云南省保山市昌宁县特产，中国国家地理标志产品。昌宁县独特的地理优势和优良的生态环境，为茶叶种植提供了良好的环境。而经过多年的生产实践，又选育种植出优质的茶叶品种，并形成了一整套成熟的茶叶加工工艺，使昌宁红茶具有色泽明亮、口感香甜温润等特点，成为滇红的重要组成部分。

　　干燥是利用高温迅速蒸发水分，破坏酶的活性，迫使"发酵"酶促氧化终止，使萎凋、揉捻、发酵过程中所形成的物理和化学变化，特别是发酵所形成的良好品质固定下来。在抑制酶的活性的同时，促进内含物的热化学变化，发展茶叶的香气和滋味。蒸发叶内水分也使茶条体积缩小，外形固定，便于储藏和运输。

　　烘干一般分毛火和足火两个阶段进行。毛火亦称"初干""初烘"，经毛火后的茶叶含水率应在18%~25%，干湿均匀，无烟焦现象。足火亦称"复烘"，将毛火叶进一步干燥，用于各类茶初制的第二次（最后一次）干燥作业。足火的作用是使茶叶充分干燥；经足火烘干后，茶叶含水率应低于7%，无烟焦异味。

　　为了获得良好的制茶品质，干燥过程要合理控制温度、叶量（摊叶厚度）、时间、翻叶次数（手烘）、转速、风量等工艺参数，绝不能马虎。因此，在烘干过程中，制茶工匠不仅要有吃苦耐劳的精

神，还要能熟练掌控烘干机。完成足火烘干后，毛茶生产即告结束，再经定级加工精制成各类成品茶，进一步推向市场。

红茶制作过程烦琐考究，采茶、萎凋、揉捻、发酵、干燥这五关，务必关关相连、环环相扣，各道工艺互相衔接、互相联系、互相结合，最终生产出完美的产品。

云南昌宁红茶制作采用优良的云南大叶种茶树鲜叶，先经萎凋、揉捻或揉切、发酵、干燥等工序制成成品茶，再加工制成滇红工夫茶，又经揉切制成滇红碎茶。

上述各道工序，长期以来，均以手工操作，因此更显珍贵。

昌宁滇红茶以一芽一叶为主制作而成，其芽叶肥壮，以条索紧结、洁净齐整、金毫多显、色泽乌润者为好。泡开后，汤色红艳，滋味浓烈，香气馥郁，冲泡后可观察到叶底肥厚，红匀有光泽。

昌宁滇红茶香气甜醇，滋味鲜爽浓烈。冲泡三四次亦香味不减，储存几年仍味厚如初。因此，昌宁滇红茶自问世以来，备受海内外茶友青睐。

只有关关都把握好，才能制造出品质优良的产品，任何一关出现差池，都会影响其他四关，造成品质下降，甚至出现劣质产品或废品。

正是因为滇红茶人的专注、坚守、热爱、精益求精，以匠心的精神制作滇红茶，赋予滇红茶自然本真，才使滇红茶香飘世界。

振兴
记忆

念好"茶经"，做政治思想"引领人"

多年来，昌宁遐尔茶品有限责任公司负责人周增志坚持不懈抓好习近平新时代中国特色社会主义思想和习近平总书记考察云南重要讲话精神的学习贯彻，扎实开展党的二十大精神的学习，全面学习党的二十大党章修正案，自觉增强"四个意识"，坚定"四个自信"，做到"两个维护"。他做茶如做人，纯粹、质朴，始终坚守做良心茶、放心茶、优质茶，让更多的人认识和喜欢昌宁茶，从茶树的管理、鲜叶的采摘到加工、包装、销售，每一道工序都严格把关。他一有时间就全身心地投入到生产研发、古树茶的保护开发、茶文化的推广普及中，大量地查阅资料，一遍遍地实验和观察，只为能研发出具有代表性的、大众喜爱的昌宁茶，并将千年茶乡茶文化发扬光大。2023年6月，周增志同志荣获"昌宁县优秀共产党员"称号。

诗文链接

答族侄僧中孚赠玉泉仙人掌茶

唐·李白

常闻玉泉山，山洞多乳窟。

仙鼠如白鸦，倒悬清溪月。

茗生此中石，玉泉流不歇。

根柯洒芳津，采服润肌骨。

丛老卷绿叶，枝枝相接连。

曝成仙人掌，似拍洪崖肩。

举世未见之，其名定谁传？

宗英乃禅伯，投赠有佳篇。

清镜烛无盐，顾惭西子妍。

朝坐有馀兴，长吟播诸天。

得天独厚
享甘醇

　　滇红的美，似梦一样，长久以来，似一个美丽的茶乡女子的形象，披着轻纱、笼着薄雾，入住人们心中。滇红茶芽壮而肥，金毫显露，条形壮实，几片绿色的叶子，既和琴棋书画诗酒平起平坐，又同柴米油盐酱醋相处一室。寒冬时滇红为他人暖心，酷暑时滇红为他人解渴，以滇红交友、以滇红传情、以滇红陶冶情操、以滇红品味人生。

环境优渥，天时地利

滇红茶产于云南省南部的临沧、保山、西双版纳、德宏等地。产地的境内群峰起伏，平均海拔1000米以上。属亚热带气候，年均气温18～22℃，年积温6000℃以上，昼夜温差悬殊。年平均降水量1200～1700毫米，有"晴时早晚遍地雾，阴雨成天满山云"的气候特征。

云南地区森林茂密，落叶枯草形成深厚的腐殖层，土壤肥沃，致使茶树高大，芽壮叶肥，白毫茂密，即使长至5～6片叶，仍质软而嫩，尤以茶叶的多酚类化合物、生物碱等成分含量居中国茶叶之首。

云南省每年10月底至次年5月受西亚和沙漠地区气流影响，日照充足、空气干燥、降雨偏少，为明显旱季。6月至10月初受赤道海洋西南季风和热带海洋东南季风影响，温度高、湿气重，降雨日

多且量大，为明显雨季。土壤以砖红壤与赤红壤为主，呈弱酸性，疏松腐质土深厚，有机含量很高，特别适合红茶的生长。

云南有雨热同季和干凉同季的气候特点，全年平均气温保持在18～22℃，昼夜温差平均超过10℃。从3月初到11月底，一年中可采期长达9个月。

云南六山五水构成山岭纵横、河谷幽深、错综复杂的地形地貌，这种帚形地系、水系，使云南西北高东南低，既可抵挡西北大陆性气候的入侵，又可接受来自印度洋、太平洋的温暖季风，随地形产生温度水平、垂直的变化，形成独特的高原气候和山地气候。茶区山峦起伏，云雾缭绕，溪涧穿织，雨量充沛，土壤肥沃，多红黄壤土，腐殖质丰富，具有得天独厚的茶叶生产的自然条件。

按地理位置，云南可划分为滇西、滇南、滇东北三个茶区。滇红产于滇西、滇南两个自然区。滇西茶区，包括临沧、保山、德宏、大理四个州（市），茶叶种植面积占云南省的52.2%，产量占云南省的65.5%，系滇红的主产区，其中凤庆、云县、双江、昌宁等县滇红产量占90%以上。

　　滇南茶区，是茶叶发源地，含思茅区、西双版纳、文山、红河四个州（地区），种植面积占全省的32.7%，产量占全省的30.8%，滇红产于西双版纳等地。

　　滇红茶产地环境优渥，十分适宜茶树生长，使得滇红茶的品质极佳。其成茶身骨重实，色泽调匀，冲泡后汤色鲜红明亮，以浓、强、鲜为其特色。

北纬廿四，黄金茶线

北纬24°是世界著名的"黄金茶线"，云南省保山市昌宁县恰好位于这一黄金纬度，地处澜沧江流域滇西横断山脉，山峦叠嶂，山林葱郁，终年云雾缭绕，拥有世界顶级茶叶资源。

昌宁县位于东经99°16′～100°02′，北纬24°14′～25°12′，属于澜沧江流域中上游，气候温和，雨量充沛，空气湿度相对较大。年日照时长2282.4小时，全年雾罩日多达100多天，堪称云南之最。雾罩增加了空气湿度，削弱了阳光直射，增加了散射，有利于植物的光合作用，气候垂直差异明显，形成适宜茶树生长的气候条件。在漫射光条件下生长的茶树，新梢中氨基酸、咖啡碱等含量和水浸出

物丰富，茶叶纤维含量较低。境内多云雾、空气湿度大等，使茶叶芽肥柔软，持嫩性强，芳香性好，生长快，产量高，品质优良。昌宁县得天独厚的环境，特别适合茶树生长，并有利于昌宁滇红茶高品质的形成。

澜沧江流域独特的地理、气候、土壤是得天独厚的宜茶生态环境；澜沧江流域还是世界茶树起源地，在这片土地上生长的大叶种茶内含成分丰富，能制作出各类极品茶；澜沧江流域土壤矿物质含

量丰富，通透性好，生长的大叶种茶树根深叶茂，极有利于茶叶有益成分的形成，这也是形成昌宁滇红茶特有香气及优良品质的关键因素。

气候立体、雨量充沛、土壤多酸，得天独厚的地理条件，赋予了昌宁茶天然、绿色的品质。昌宁红茶，天时地利气香味醇、历史悠久意韵深长、守正创新芬芳馥郁、温润回甘世界共享。

自古贡茶，如今国礼

滇藏茶马古道是唐宋至民国时期，云南与西藏之间的贸易通道，以马帮运输为主，实现了滇茶与藏马的交易，故称茶马古道。藏区属高寒地区，藏民需要摄入高热量的食物，如奶类、酥油、牛羊肉等。但是，当地没有蔬菜，过多的油脂在人体内不易分解，而茶叶含有维生素，既能分解脂肪，又能防止燥热，故藏民在长期的生活中养成了喝酥油茶的习惯。在云南，军队征战与民间仪式都需要大量的骡马，而藏区产良马，于是，茶马互市应运而生。滇藏茶马古道全程约4000公里，是世界上最著名的古老驿道。它贯穿亚洲板块最险峻奇峭的高山峡谷，横跨金沙江、澜沧江、怒江、岷江、雅鲁藏布江等水系，千年来已成为沿途人民必不可少的生命线，被称为生命之路。云南产茶区西双版纳的茶叶经普洱景谷、景东、下关、丽江到中甸、德钦进入西藏。这是以运销普洱茶为主的重要的茶马商道，有多条路线纵横交错，主力则是藏族的大马帮。

　　早在公元前2世纪，昌宁先民就有喝茶、用茶习俗。历史上，昌宁一直是茶马古道上的重要驿站和茶产地。600多年前，昌宁"碧云仙茶"作为贡茶进入京城。1958年，昌宁建成了新中国第一家国营红茶厂；1986年，昌宁成为中国首批优质茶叶基地县；1987年，斯里兰卡世界银行专家纳塔尼尔不远万里到昌宁考察茶叶，与昌宁人民结下深厚友谊。面对全球茶业发展的新形势新挑战，昌宁县依托20余万株古茶树资源和31.43万亩生态茶园，重构茶业体系，打造红茶品牌。2006年，昌宁成为全国唯一注册认证的"千年茶乡"；2013年，昌宁红茶被中国茶叶博物馆收藏；2014年，"昌宁红茶"地理标志证明商标注册获批。如今，昌宁拥有全球最大的CTC红碎茶生产基地，是云南省首个茶叶出口安全示范区。

　　昌宁红茶已成为云南的一张名片，出口多个国家和地区，被酷爱红茶的东欧人称为"东方伏特加"。2017年，昌宁红茶成为外交部"魅力云南·世界共享"全球推介中唯一的红茶。同年，昌宁红茶产品作为国礼，走进了捷克、波兰等国。现如今，昌宁红茶的年产量已经超过万吨，产品销往30多个国家和地区。这就是昌宁滇红茶从过去的"贡茶"变为如今的"国礼"的传奇故事。

鉴赏甘醇，茶汤红润

滇红工夫茶采摘一芽二、三叶的芽叶作为原料，经萎凋、揉捻、发酵、干燥制成；滇红碎茶则经萎凋、揉切、发酵、干燥制成。工夫茶是条形茶，红碎茶是颗粒形碎茶。前者滋味醇和；后者滋味强烈，富有刺激性。

滇红的品饮方式以加糖加奶调和饮用为主，加奶后香气依然浓烈。冲泡后的滇红茶汤红艳明亮，尤其是高档滇红，茶汤与茶杯接触处常显金圈，冷却后立即出现乳凝状的"冷后浑"现象，"冷后浑"早出现是茶品质优的表现。

滇红工夫茶成品茶芽叶肥壮，苗锋秀丽完整，金毫显露，色泽乌黑油润，汤色红浓透明，滋味浓厚鲜爽，香气高醇持久，叶底红匀明亮。

　　滇红因采制时期不同，品质具有季节性变化，一般春茶比夏、秋茶好。春茶条索肥硕，身骨重实，净度好，叶底嫩匀。夏茶正值雨季，芽叶生长快，节间长，虽芽毫显露，但净度较低，叶底稍显硬、杂。秋茶正处干凉季节，茶树生长代谢作用转弱，成茶身骨轻，净度低，嫩度不及春、夏茶。

另外，同一茶园春季采制的一般毫色较浅，多是淡黄色的；而夏茶的毫色则多为菊黄；只有秋茶多呈金黄色。

优质红碎茶外形颗粒重实、匀齐、纯净，色泽油润，内质香气甜醇，汤色红艳，滋味鲜爽浓强，叶底红匀明亮。

红茶的汤色主要由茶黄素、茶红素、茶褐素构成。茶黄素、茶红素、茶褐素分别为多酚类物质转化的不同阶段，而这三种物质的不同比例，决定了红茶的汤色和品质。

茶黄素，是存在于红茶中的一种金黄色色素，是茶叶发酵的产物。它是一类多酚羟基具苯骈酚酮结构的物质，是第一个从茶叶中找到的具有确切药理作用的化合物。茶黄素占干茶重量的0.5%到2%，对茶汤中鲜亮的颜色和浓烈的口感方面，起到了一定的作用，是红茶的一个重要的质量指标。

茶红素，是红茶氧化产物中最多的一类物质，在红茶中含量为6%~15%。茶红素可溶于水，水溶液为深红色，刺激性较弱，滋味甜醇。茶红素对茶汤滋味与汤色浓度起极其重要的作用。因为红茶素的存在，红茶的茶汤为"红色"。

但是茶红素的含量并不是越高越好，其含量过高也会有损品质，使茶味淡薄、汤色变暗。

茶褐素，主要由茶黄素和茶红素氧化聚合而成。茶褐素分子量最大，也最为稳定，是茶汤为"红色"的又一个原因。茶褐素含量

达到6%～8%，汤色可呈现红褐明亮的品质特征。茶褐素含量高对红茶的品质不利，含量越高，茶汤越暗，茶底也会越发暗褐。

所以，红茶的茶汤不是越红越好，而是茶黄素、茶红素、茶褐素三者的比例协调为最佳。红茶品质要求汤色不仅要"红"，还要"亮"，在自然光下，茶汤与杯子的接触表面带有"金圈"。

滇红茶的诞生，有力地支援了中华民族英勇抗击日本法西斯侵略的斗争，充满着浓厚的传奇色彩和家国情怀。在继承传统的基础上，云南人民继续博采众家之长，坚守"做茶积德""选材精当"

茶厂人员讲解滇红知识

的信念，传承弘扬"制茶济世、制茶为民、制茶养生"的价值观，为云南地区乃至全国茶叶产业的发展奠定了基石。

眼鼻口心，意犹未尽

什么样的滇红茶是上好的滇红茶？如何在纷繁复杂的红茶中，找到高品质的滇红茶？这就需要我们用"眼""鼻""口""心"去体会。

观其外表，可以知道鲜叶的老嫩，是一芽二叶，还是一芽三叶。根据芽叶的大小也可以判断其萎凋过程是否适度：如果萎凋不足，则细胞紧张状态未消除，叶质硬而脆，揉捻时芽叶易断碎，会使发酵进展不均匀并难以撑控，制成毛茶条索短碎多片末，香低味淡，水色浑浊，叶底茶杂带青；如果萎凋过度，则芽毫枯焦，叶质干硬，揉捻时茶汁不出，不易紧卷，发酵不匀，毛茶松泡多扁条，色泽灰枯不显毫，香味淡薄，汤色、叶底暗杂。

通过闻可以了解茶叶的香气。茶叶中的芳香物质比较复杂，在

滇红香气中多有樟香、栗香，这与茶树生长环境中与樟树或其他树混种有关。鲜叶中含有棕榈酸，这种物质本身没有香气，但是具有很强的吸附性，能吸收香气，也能吸收异味，因此，我们可以通过闻来了解茶叶的运输和存储是否正常。

高品质的滇红醇厚浓郁，汤色红艳明亮，入喉生津。滇红中的茶黄素是影响茶汤亮度、香味、鲜爽程度、浓烈程度的重要因素。茶红素是关系茶汤浓度的主体，收敛性较弱，刺激性小。如发酵程度偏轻，茶黄素含量高，则茶汤显淡薄欠红艳，滋味不够浓厚；如发酵程度偏重，茶红素含量高，则汤色深红欠亮，滋味平淡，叶底暗红，品质较低。因此，只有比例适当才能制成优质的滇红。

　　滇红茶传统制作技艺蕴含着浓郁而深厚的茶文化底蕴，是中国红茶制作的重要技艺之一，也是茶叶科技专家和广大茶农智慧的结晶。随着滇红茶在世界上知名度的不断扩大和机械化生产的普及，其传统制作技艺因"溯本求源"的需求而具有很高的保护开发价值。

　　一款好茶通过身体的体验可以获得心灵的愉悦。生长在云南高原上的原生态茶山的滇红，更是集天地灵气于一身。高山云雾出好茶，高品质的滇红在出生时即带着山野的气息，闭上眼睛可以让身心处于高山之巅。

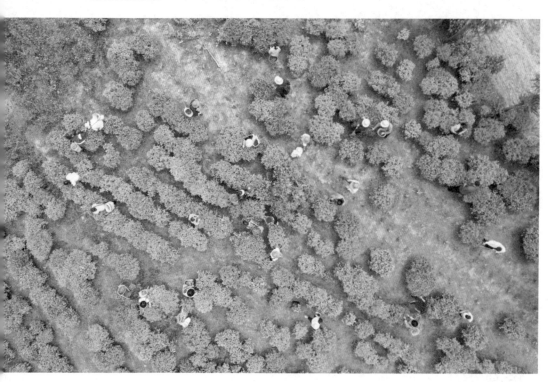

振兴
记忆

经过 80 多年的发展，几代滇红人接续奋斗，创造出"滇红工夫"等一大批驰名中外的滇红茶产品，并作为国礼赠送给来华访问的重要外宾，为国家赢得了赞誉。

满庭芳·茶

宋·黄庭坚

北苑春风，方圭圆璧，万里名动京关。

碎身粉骨，功合上凌烟。

尊俎风流战胜，降春睡、开拓愁边。

纤纤捧，研膏浅乳，金缕鹧鸪斑。

相如，虽病渴，一觞一咏，宾有群贤。

便扶起灯前，醉玉颓山。

搜搅胸中万卷，还倾动、三峡词源。

归来晚，文君未寐，相对小窗前。

啜饮佳茗
任品斟

沁著茶香，回味悠长

　　滇红茶是云南茶叶最有代表性的存在，它冲泡后的茶汤滋味诱人，汤色鲜红且香气四溢，但滇红茶在冲泡时也有一定的方法与技巧。如果泡茶方法不对，会影响滇红茶香的挥发以及茶汤的口感。要冲泡滇红茶，应特别注意茶叶、水、温度、时间、茶具等要素，只有这些要素完美结合，才能冲出一泡好茶。

传承
技艺

泡茶的方法自古就有传承，发展至今，有各种形式存在，但无论如何变化，只要不失茶的要义，即健康、友信、美韵，都是健康的泡茶方法。茶的泡制方法大致有五种，分别是煮茶法、点茶法、毛茶法、点花茶法和泡茶法。

❧ 备茶叶 ❧

首先，要选取优质的滇红茶，置于无异味、洁白的纸上或者茶盘上，欣赏，嗅闻。优质的滇红茶芽叶肥壮，苗锋秀丽完整，金豪显露，色泽乌润，香气鲜爽等。

❧ 选茶具 ❧

在众多茶具中，白瓷盖碗是最适合冲泡滇红茶的。因为白瓷盖碗不吸收汤水和香气，便于清洗，同时有利于观察汤色和叶底，再加上白瓷盖碗的碗口大，对于需要快出水的滇红茶来说，相当于锦上添花。

白瓷盖碗

白瓷盖碗既可单杯独饮，又可以做主泡器（冲泡后分汤品饮），是一种雅俗共赏的茶具，既上得了大雅之堂，又入得了寻常人家。

但是，白瓷盖碗也存在缺点，那就是泡茶者必须要有一定的使用技巧，否则容易烫手，而且白瓷盖碗的使用场地受限，一般只能在家里使用，不方便携带。

用玻璃杯冲泡滇红茶，最大的好处便是具有观赏性，可以全方位地欣赏到茶叶姿态的变化，以及茶汤色泽的魅力。玻璃杯购买方

便，价格又亲民，适合上班族、差旅一族使用。但是玻璃杯也有其局限性，即无法进行茶水分离、无法控制茶汤的浓淡等。

玻璃杯

玻璃杯泡茶，必须要等到茶汤的温度降低了，才可以饮用；茶与水长时间接触，咖啡碱、多酚等物质就容易过度析出，导致茶汤苦涩，且降低喝茶的愉悦程度。从审美的角度来说，选用玻璃杯冲泡滇红茶最佳。

紫砂壶也是众多泡茶器皿中较常见的一种。由于紫砂壶透气性好，用它泡茶不易使茶叶变臭；而且它能吸收茶汁，壶内壁不需要刷洗，绝无异味。

紫砂壶

长时间使用紫砂壶，壶壁积聚了"茶锈"，即使空壶注入沸水，茶香也会弥漫。正是紫砂壶中所含的"茶锈"，使壶内充满了茶香，这与紫砂壶胎质有一定的气孔有关。

这是紫砂壶独具的品质，也因为这个特点，其受到很多茶叶爱好者的青睐。紫砂壶使用得越久，壶身色泽越光亮照人，气韵温雅。

择水

古人云：水为茶之母。可见，要想泡出一杯好茶，用水是关键。中国人自古饮茶即注重水质，水质的好坏，会直接影响茶汤的香气、口感和滋味。

山泉水

泡茶，首选山泉水，即"茶圣"陆羽《茶经》中所提及的"上上之水"。用山泉水泡茶，汤色明亮，并能使茶的色、香、味、形得到最大限度的发挥。可是，现实生活中我们往往没有这样的条件。于是，矿泉水、纯净水和家里的自来水，也就成了现代人泡茶的主要用水。

市场上所售卖的矿泉水、纯净水，用来泡茶，就目前来说，是最佳的选择。

一般家庭所使用的净水器过滤后的水冲泡滇红茶也可以，但切忌使用隔夜水、久置水泡茶。

控水温

　　冲泡滇红茶，水老水嫩都是大忌。烧水要大火急沸，刚煮沸便关火为宜，且不可鼎沸，更不可使用反复煮开的水，反复煮开的水硬度升高，不宜泡茶。冲泡滇红茶以80～85℃水温为宜，绝对不可使用100℃的沸水冲泡。因为沸水水温过高，有损茶汤的甘醇，甚至会把茶叶烫熟，造成茶汤失味。若水温过低，则渗透性差，香气不出，茶汤的滋味就会寡淡。

洁具

洁具，就是用沸水将茶具烫洗一遍。这一步骤常被人们忽略，而对于懂滇红茶的人来说，这一步是必不可少的。烫洗，一是为了洁净茶具；二是热的茶具有助于挥发茶香，提升茶汤的口感等。

投茶量

茶叶的用量并没有统一的标准，视茶具的大小和个人的喜好而定。一般来说，冲泡滇红茶，茶与水的比例为1∶50左右（仅供参考）。这个比例冲泡出的茶汤浓淡适中，口感鲜醇，滋味较佳。

投茶量的多少，对滇红茶滋味的影响比较明显：投茶量不足，则难以充分体现茶香；投茶过量，则浪费好茶。喜欢浓郁口味的可以适当多投一些，喜欢清淡口味的也可以酌减，多试几次就能找到适合自己的投茶量了。

❦ 摇香 ❧

　　用沸水烫洗过的盖碗，置入适量的茶叶，合盖轻摇，借助碗的热度来激发干茶的香，然后稍移开些碗盖，再将盖碗送近鼻端，你会惊喜于飘然而至的茶香，此为"摇香"。

摇香能激发茶之味、茶之香，当然茶中的异味、杂味也会被释放出来，可以此来评判茶的优劣，这也是试茶、评茶的一大法门。摇香后，茶碎末会黏附于碗壁上，可以用水冲去。

❧ 润茶 ❧

将80 ℃左右的热水，沿着碗壁的边缘注入碗中约三分之一处，用来浸润茶叶，随即稍加晃动，然后提杯按逆时针方向转动数圈。此时，可以再次闻碗中的茶香，此为湿闻，与摇香又是不同的感受，袅袅的热气混合着茶香，闻之沁人心脾。

润茶的目的，就是使碗中的茶叶浸润，便于冲泡时茶叶中的内含物质尽快地浸出；茶叶也不会因一时难以浸出，而浮在茶汤的表面。通常人们也把润茶这道工序称作醒茶，意思是把"沉睡"中的茶叶"唤醒"。

❧ 冲泡 ↘

滇红茶经浸润后，就进入了正泡阶段。选取150毫升中号白瓷盖碗，置茶叶5克。注水时不要将水直接对着茶叶，应沿着碗壁的边缘，用画圈的方式注入，这样能够让茶叶充分浸润在水中，从而释放滋味。

✦ 出汤 ✦

天下武功，唯快不破！滇红茶出汤的速度，就是一个字——"快"。第一泡至第三泡茶，即入即出，就是指盖碗注入热水后，直接出汤。出汤后，放好盖碗，盖子可稍微打开一些，让茶叶通通氧气，茶汤会更好喝。快出汤的冲泡方式仅限于前三泡。

前三泡，茶叶中的内含物质特别丰富，如果不快出汤，闷在盖碗里，就会闷出多余的茶多酚和咖啡碱，从而导致茶汤苦涩，耐泡度降低。

从第四泡开始，每泡在杯子中停留的时间增加5秒再出汤，依次递增。

这种泡法，能让后面的每一泡，几乎拥有相同的汤色与相似的口感；也不至于与前几泡产生太大的落差，从而影响整个品茶过程中的美好感受。在这里有必要提醒一下，泡好的茶汤，要用过滤器滤掉茶渣，再斟到品茗杯中，以保证茶汤红艳明亮，内无杂质。

品茗杯最好选择底浅口宽的茶杯，这样能够让人充分地享受到滇红茶的芳香，同时欣赏到它迷人的汤色。

优质滇红冲泡后，茶汤红橙金黄，清澈明亮，香气鲜爽，有浓郁的蜜果香，滋味浓强，富有刺激性，叶底红匀鲜亮。

✔ 品饮 ✔

　　待茶汤冷热适口时，即可举杯品其味。滇红的汤色应清清爽爽，没有一点儿混浊。品饮滇红茶，需在"品"字上下功夫，应缓缓啜饮，细细品味，慢慢领悟，切不可囫囵吞枣。不下功夫，则不可能享受到它的清香和醇味。冲泡好的滇红茶，要及时喝完，不然茶的香气会由于放置的时间长而遗失殆尽。

　　滇红茶以香甜无苦无涩的美好滋味和富含茶黄素、茶红素等而受到人们的欢迎。它的美妙除了甜柔的口感，还有沁人的香气。

　　红茶香气按物质结构可大致分为以下几类：脂肪类衍生物，萜烯类衍生物，芳香族衍生物，含氮、氧的杂环类化合物，还有氨基酸、糖类与果胶一定程度上焦化的焦糖香等。

　　焦糖香属于火香型，就是茶叶完成发酵后干燥时，茶叶内的糖

类物质和果胶因温度升高而散发出的一种香气。在制作工艺得当的前提下所产生的焦糖香属于正常香型。

花香是指茶汤冲泡后，杯底或茶汤中带有的宛若自然生长的烂漫花香。

果香，滇红茶会有类似苹果香气的果香。这样的香气需要在原料优质、制茶工艺精湛的前提下才可能出现。

甜香，滇红茶的甜香最常见的有清甜香和蜜甜香。清甜香的香气较为清新，即清新中带着甜丝丝的香；而蜜甜香则较为浓郁。

滇红茶中所出现的花果香，主

要来自萜烯醇类、芳香族醇类为主的多结构香气物质。它是一种多结构的香气物质，所以花香和果香通常联合称为花果香。

振兴记忆

念好"茶经"，做企业发展"排头兵"

昌宁逯尔茶品有限责任公司负责人周增志身体力行弘扬敬业、精益、专注、创新的工匠精神，一有时间就投入到茶叶制作技术的提高、品鉴和茶文化的研究中。他非常注重企业技术创新、成果转化应用及知识产权保护，截至目前拥有注册商标6件，有效实用新型专利2项，发明专利（一种红茶动态发酵方法）1项。在专利技术的运用实施上，两项实用新型专利在提高生产效率、降低损耗、保障成品质量上取得一定的成效，直接或间接为公司带来效益。2017年，他带领公司团队研发生产的"逯尔·圆满（金曲）""逯尔·碧云仙红针"分别获保山市首届斗茶大赛银奖和铜奖；2018年，他主持研发的昌宁红茶被选为马克思诞辰200周年德国纪念活动中国代表团用茶；2019年，逯尔野生红茶被评为中国昌宁电商文化节十大优质野生茶，"碧云仙红针"获滇西茶文化品鉴交流会铜奖；2022年9月，由他研发生产的"逯尔一根丝"红茶获得2022年"宜红杯"工夫红茶产品质量推选特金奖。

泡茶之礼，品茶之仪

茶文化历史悠久，糅合了中国儒、道、佛诸派思想，独成一体。茶是灵魂之饮，以茶载道，以茶行道，以茶修道，因而茶中无道就算不得"茶道"。不懂品茗技巧，也不理会饮茶修身养性的作用，亦算不得"茶人"。喝滇红茶每一个细节都有讲究。

滇红茶道的礼仪本就是将静心、意境、美学观念结合在一起的一门学问，我们在饮茶的时候，如果能够严格按照茶道的礼仪细节来做，可以身心交融，与茶交融，与天地交融。

首先，茶具要清洁。客人进屋后，先让座，后备茶。泡茶之前，一定要把茶具洗干净，尤其是久置未用的茶具，难免沾上灰尘、污垢，更要细心地用清水洗刷一遍。在泡茶、倒茶之前，最好用开水烫一下茶壶、茶杯，这样，既讲究卫生，又显得彬彬有礼。

其次，茶水要适量。先说茶叶，一般要适当。茶叶不宜过多，也不宜太少。茶叶过多，茶味过浓；茶叶太少，冲出的茶没有什么味道。假如客人主动介绍自己有喜欢喝浓茶或淡茶的习惯，就应按照客人的口味把茶冲好。再说倒茶，无论是大杯还是小杯，都不宜倒得太满。

再次，端茶要得法。按照我国的传统习惯，出于礼貌，主人需要用双手给客人端茶。双手端茶也要很注意，对有杯耳的茶杯，通常是用一只手抓住杯耳，另一只手托住杯底，把茶端给客人。

最后，添茶要适当。为客人端上头一杯茶时，通常不宜斟得过满，更不允许动辄使其溢出杯外。得体的做法是斟到杯深的三分之二处，不然就有厌客或逐客之嫌。主人若是真心诚意地以茶待客，最适当的做法就是为客人勤斟茶、勤续水。一般来讲，客人喝过几口茶后，即应为其续上，绝不可以让其杯中茶叶见底。这种做法的寓意是："茶水不尽，慢慢饮来，慢慢叙。"

在为客人续水斟茶时，以不妨碍对方为佳。如有可能，最好不要在其面前进行操作。非得如此不可时，则应一手拿起茶杯，使之远离客人身体、座位，另一只手将水续入。

在续水时，不要续得过满，也不要使自己的手指、茶壶或者水瓶弄脏茶杯。如有可能，应在续水时在茶壶或水瓶的口部附上一块洁净的毛巾，以防止茶水"自由泛滥"。

酒满敬人，茶满欺客

　　酒满敬人，茶满欺客，是因为，酒是冷的，客人接手不会被烫，所以酒满些敬人；而茶是热的，茶满了客人接手时茶杯很热，就会让客人的手被烫，有时还会因烫手而致使茶杯摔破，给客人造成难堪。

　　中国人重礼，倒茶之时讲究不可倒满欺客，敬酒之时又必须斟

满以示诚意。这个浅显的规矩许多人都听长辈提起过，只是其中含义有些人不曾细究。

倒茶倒满，在茶道之中是十分忌讳的行为。但凡懂茶的人都明白，品茶需一遍遍品味，一壶茶要冲泡数次，倒好几杯，不可能一杯倒上太多。而且客人品茶之时，还需观汤色、闻香气，倒茶留有三分，杯沿以下还有一段空间，香气不易流散，品鉴更为方便。最重要的是，茶水要趁热去饮，如果倒得太满，客人去端难免会溢出来，容易烫伤客人，让人无端狼狈。而如果客人为免溢出急忙用嘴去饮，又失去了喝茶的情趣，更有了怠慢客人的嫌疑。

品茶是风雅之事，中国风雅之人行文作画都讲究留白，饮茶亦如此。留三分余地，是一种行事的分寸，是对客人的体贴。与客人饮茶之时，依旧要保持一颗谦虚谨慎之心，时时告诫自己当言行慎当，留有余地。满招损，谦受益，这便是饮茶的大智慧。

诗文链接

寄中洲茶与尤延之，延之有诗，再寄黄檗茶

宋·杨万里

诗人可笑信虚名，击节茶芽意不轻。

尔许中洲真后辈，与君顾渚敢连衡。

山中寄去无多子，天上归来太瘦生。

更送玉尘浇钖水，为搜孔思搅周情。

以茶待客，口勿冲人

"壶口不冲人"是我国传统的礼仪。

茶壶嘴为什么不能对着人呢？小小一个茶壶嘴，其中却蕴含着"礼"的文化。泡茶时要做好这个小细节，可不能让它毁了与友人品茶的好心情。茶韵生香，缕缕茶烟升起，隐逸恬淡、清悠闲适之境油然而生。良朋对品，说尽人间傻话痴语。壶就是我，我就是壶；壶映我影，我恋壶真。这便是爱茶之人最纯粹的壶之趣！

旧时，人们要远行分离时，会以敬酒（茶）的方式辞别，这时壶嘴就是对着离人。故壶嘴对人有想要此人离开的寓意，表示那个人是主人不欢迎的人。来人如若知趣，便可以自动离开，免得发生不愉快。

根据泡茶的经验，壶嘴对着客人，壶里的沸水可能不小心溢出伤到客人，而且不利于后续的倒茶添茶，是主人考虑不周的表现。

有些地方还有个不成文的规矩：当有客人拜访，但主人刚好遇到不便说明的状况时，就会拿壶嘴暗示一下，客人见到，便会知趣地告辞，这样，大家都落得轻松自然。

念好"茶经"，做乡村振兴"领头雁"

善为至宝，一生用尽；心作良田，百世耕之有余。昌宁遐尔茶品有限责任公司负责人周增志吃水不忘挖井人，在努力带领团队促生产发展的同时，热心公益事业，不断回馈社会。联系群众，带头致富。为促使更多的茶农发展致富，2020年，他带领团队在翁堵镇新建了一个可年产400吨干茶的茶厂，有效助力乡村产业振兴。2021年3月以来，按照"党组织+企业+村集体+基地+农户"的发展思路，在翁兴村分阶段分地域探索"红色联盟、村企联建"模式，并制定村集体经济发展规划，实现村企共建绿色产业。通过溢价收购、利润返还，实现群众、村集体经济"双增收"，辐射带动130户茶农实现年户均增收3000余元，实现单项集体经济收入17万元；带动就业37人，实现年人均劳务收益4000余元。通过统一收购，统一交付，实现茶叶品质"高质量"。2021年，他的茶厂茶叶产量达到120吨，实现产值1800万元。他将继续与翁堵一起探索"绿色金叶2.0"发展模式，实现群众收入称心、集体经济定心、村企合作放心、品牌打造有信心的一茶四利成效。

一抹茶香
沁民心

　　勤春来早，昌宁县田间地头随处可见群众忙碌的身影，各项产业欣欣向荣，幸福生活有滋有味。昌宁县多措并举抓脱贫成果巩固，创新思路推进乡村振兴，通过抓牢防止返贫监测和帮扶两个环节，抓紧产业和就业两个关键，盯紧医疗保障和饮水安全两个风险点，守牢不发生规模性返贫的底线，实现产业兴、生态美、百姓富。

魅力乡村，绘新茶图

昌宁县位于生产优质茶叶的黄金纬度北纬24°，是全国唯一注册认定的"千年茶乡"，也是全国首批四大优质茶叶基地县、中国优质红茶生产示范县、全国十大魅力茶乡、2020年度全国茶业百强县、2020年度全国茶业生态建设十强县和云南省高原特色现代农业茶产业十强县。

茶叶是昌宁县翁堵镇的传统优势产业，也是农民致富的重要经济产业。近年来，翁堵镇按照镇有产业、有企业，村有合作社、初制所，基地有茶庄园的思路，着力打造"干净好喝的富硒茶"，整体

推进茶旅融合"一镇一品"建设，所有村先后被列为保山市"一村一品"专业村。

翁堵镇平均海拔1600米，年均气温18.7 ℃，年均降水量1200毫米，森林覆盖率达73.5%，云雾缭绕，土质肥沃。其土壤富含多种微量元素，且显酸性或微酸性，非常适合茶叶生长。全镇有茶园面积3.83万亩，涉茶人口占全镇总人口的90%以上。

翁堵镇着力打造规模化、标准化、生态化、有机化茶园，茶叶品质越来越好，受到茶叶加工企业和消费者的青睐。

翁堵镇还启动了千亩智慧化示范茶园基地建设，提升改造茶园水利设施、茶园生产道路，安装智能水肥系统、远程虫情测报系统、土壤墒情监测仪等，通过智慧化手段提升茶叶品质。

不同于从前人工炒茶需要花费大量的时间与精力，翁堵镇的茶厂先后置办起先进的茶叶加工机器，制茶工艺和品质显著提升。在翁堵，从一片清香扑面的茶园走出，就能走进一家家茶叶加工企业，喝上一壶热气腾腾的酽茶。

　　当地致富带头人更是成立种植协会，带领群众发展茶叶产业。又通过招商引资，先后引入昌宁红茶集团、昌宁遐尔茶品有限责任公司在翁堵建设分厂。

　　翁堵镇党委也主动服务，充分发挥村级党组织优势，将党组织领办的专业合作社嵌入产业发展中，打造"绿色金叶"党建品牌，推动茶叶产业化发展。通过"绿色金叶"模式，村级党组织组织力得到增强，村级集体经济实现增长，助推群众持续增收，企业实现降本增效，茶叶品牌影响力不断提高。

　　为提升翁堵茶的知名度与品牌影响力，做大做强做优茶产业，翁堵镇还通过"以节兴旅、以节富民、以节引商"，推动茶旅产业融合发展。

　　翁堵镇先后成功组织了"醉美翁堵"摄影大赛、三届"富硒杯"斗茶大赛，承办了"相约千年茶乡·寻味昌宁红韵"茶叶系列宣传周的开幕式等多场茶文化旅游推介活动，茶旅融合发展迈出了实质性步伐。

翁堵镇积极在茶旅融合、茶产业研学等方面开展探索实践，进一步推动产业融合发展，实施了富硒茶庄园项目建设，配备茶博馆、展演馆、展示馆、民宿、小茶屋、健身步道等场馆设施，打造党员教育实训基地、茶文化研学基地、云南农业大学普洱茶学院校外实践教学基地，进一步拓展延长茶叶的全产业发展链条。茶山更美、茶叶更香、茶农更富，眺望翁堵的绿水青山，一幅美丽"茶图"正逐渐变成现实。

振兴技艺

发展茶产业，是近年来昌宁县结合实际、因地制宜、高标准规划的惠民产业，是在"绿水青山就是金山银山"的理念下积极探索的生态产业，是激活一池"春水"带动一方群众脱贫致富的高效产业。

品牌打造，红茶飘香

云南省昌宁县采取"企业+生产基地+农户+标准化"的生产经营模式，以改土、改形、改路、改机、改种、控药、控肥、节水"五改两控一节"为重点，大力开展茶叶标准化示范区建设，推进茶园水利工程建设，完善茶园生物物理绿色防控等生产设施，建成了一批生态安全、质量效益佳、风景亮丽的现代标准茶园。

昌宁县大力推广无公害茶叶综合生产技术，开展化肥农药零增长行动，积极推进有机肥替代化肥和茶园套种示范。实施"昌宁红茶"知名品牌创建示范区和出口茶叶质量安全示范区创建工作，开展国际雨林联盟认证工作和创建绿色、生态、有机茶园的认证工作。完成云南省出口茶叶质量安全示范区创建工作，为昌宁茶叶走向世界获得了"通行证"。

昌宁县通过品牌打造、项目扶持、金融支持等措施，引导社会资金投入，扶持"昌宁红""龙润""华龙"等一批规模茶叶企业发展。2010年，云南昌宁红茶业集团有限公司在昌宁挂牌成立，以工夫红茶和红碎茶生产为主，以年产2万吨的生产能力成为最大的红碎茶生产企业，延续了60多年的昌宁红茶制造历史，成为国内外最具影响力的红茶生产企业之一。

实施"昌宁茶走出去请进来"战略。组织举办千年茶乡昌宁茶事文化活动节系列活动，组织企业赴昆明、上海、北京、杭州等省

内外地区参展推介。2019年，昌宁县荣获"2019中国茶业百强县"荣誉称号，云南昌宁红茶业集团有限公司"龙腾沧江"荣获云南省十大茶叶名品称号，云南廷渊茶业有限公司两款普洱茶分别荣获第四届亚太茶茗大赛金奖。2020年，昌宁县在中国茶叶流通协会发布的"2020中国茶业百强县"名单中居第22位，并入围茶业生态建设十强县。通过"走出去请进来"战略，昌宁茶产品屡获国际国内奖项，书写了昌宁茶的辉煌，先后培育了"昌宁红""龙润""尼诺""勐鑫""树根地""雪兰""黄家寨"等知名品牌。

规范管理"昌宁红茶"商标。为顺利推进"昌宁红茶"地理标志证明商标启用工作，成立昌宁县"昌宁红茶"地理标志证明商标使用工作领导小组和"昌宁红茶"地理标志证明商标管理委员会，作为"昌宁红茶"地标启用工作的领导机构和办事机构，负责做好组织协调和日常事务的处理工作。在全县范围内从事红茶生产加工的企业，凡符合申请条件的，都可以申请使用"昌宁红茶"地标，经审核通过后准予使用。凡是使用"昌宁红茶"地标的企业，必须遵守有关法律法规，诚实守信，严把质量关，依法经营，维护商标。通过引导市场主体积极使用"昌宁红茶"地理标志证明商标，促进企业增效、做大做强，共完成8家企业使用商标的备案工作，累计使用商标数42万枚。

昌宁县是澜沧江中上游最大的茶区，素有"沧江茶源"的美誉，是全国首批优质茶叶基地县，也是首批全国茶叶标准化示范县、全国十大生态产茶县、全国十大魅力茶乡、云南省高原特色现代农业茶产业十强县、西部最美茶乡和全国唯一注册认定的"千年茶乡"，2019年被认定为云南省茶叶产业"一县一业"特色县。下一步，昌宁县将坚持"控量提质、优化结构、培育品牌、开拓市场、保护资源、建设文化"的发展思路，以市场需求为导向，围绕乡村振兴目标，努力将"昌宁红茶"打造成世界知名红茶，不断增强"昌宁红茶"品牌的市场影响力和竞争力。力争到2025年末，昌宁县茶园面积稳定在32万亩，实现茶叶总产量3万吨以上，综合产值70亿元以上。

在2018年第二届中国国际茶业博览会上，昌宁红的高端茶产品"丹凤展翅""风生水起""古龙悟禅"获得金奖。昌宁在做茶方面一丝不苟，在延续传统工艺的基础上，创造出富含茶黄素的琥珀金汤，这标志着中国红茶进入新时代。

立足优势，实干兴邦

东北大学派驻
云南省昌宁县
驻村第一书记

　　云南省保山市昌宁县立足茶资源和茶产业优势，按照"茶区变景区、茶园变公园、茶山变金山"的理念，将旅游带入种植，让整个滇红产业强起来、群众富起来、文化美起来、乡村靓起来。

按照自然条件、资源分布等有利因素，规划澜沧江水系沿线的漭水镇、温泉镇为沧江茶源示范区，作为"千年茶乡"核心区，产出绿色、生态、优质茶叶，茶叶产业在乡村振兴中的地位和作用日益凸显。

针对茶叶企业"小、散、弱"的特点，昌宁县调整产业升级转型思路，在精细化、优质化、品牌化上求突破，通过推广茶园生态种植技术、"两减一增"技术、绿色防控措施和清洁化生产，提高茶园标准化管理和茶叶鲜叶质量。通过实施示范样板、古茶树保护示范等项目，进一步提升群众管护意识和管护技能。

面对茶叶产业发展的新要求，通过品牌带路、企业引路、平台铺路，着力打造世界知名的昌宁红茶品牌。成功申报"昌宁红茶"地理标志证明商标和地理标志产品保护认证，获得"昌宁红茶"地理标志证明文字商标和图形商标，将昌宁县境内所有优质茶叶统一包装销售，提高茶叶价值。龙头企业昌宁红茶业集团有限公司被评为云南省百户优强民营企业，坚持从茶园到茶杯全产业链布局，将产品质量作为最核心的要素和可持续发展源泉，同时将这一理念带到茶农间，多次到茶叶种植村开展茶园技术培训，确保产出优质、健康、生态鲜叶。坚持线上线下两手抓，借助线上线下展销平台，通过云上昌宁、直播带货、电商销售等方式织密线上推介网格。线下主要采取挂包单位定点帮扶、东西协作、消费扶贫等，不断扩大茶叶销量和对外知名度。

从识茶、种茶、采茶、售茶、喝茶的历史演变中，将茶文化完全浸入市民日常生活中。昌宁县将厚重的茶香文化融入美丽县城建设内涵中，实现产业有机融合，让生态效益转化为经济效益。位于县城中心的茶韵公园，是一个打卡茶文化的新地标，公园重点突出"茶"元素，以茶造景、以茶建园、以茶兴园，多层次打造茶文化休闲体验景观区。

以高质量党建引领高质量乡村振兴

昌宁县各村党组织分别成立产业振兴组、环境提升组、文明新风组、综合治理组、致富帮带组5个工作组，实行1名党员挂联多户群众制度。以"五组"作用发挥为根本，突出党员这面"旗帜"，活用外联内拓这一载体，"组"出了推动发展的新动能，"联"出了共建和谐的新活力。

党政携手，赓续振兴

2021年10月26—27日，时任东北大学党委书记熊晓梅、党委副书记张国臣在学校相关部门负责人的陪同下到定点帮扶单位云南省昌宁县调研乡村振兴工作。熊晓梅一行先后来到昌宁县供销社实地查看"面向智慧农业的云上昌宁公共信息服务平台"建设情况，深入昌宁县职业技术学校看望东北大学研究生支教团学生，并到昌宁县卡斯镇龙潭社区大泺部自然村乡村振兴示范项目点进行调研。

10月26日，熊晓梅一行首先来到昌宁县供销社，听取供销社相关负责人对"面向智慧农业的云上昌宁公共信息服务平台"的介绍，详细了解"云上昌宁"区域品牌的建设运营管理情况，并参观了展现昌宁五个文化、八大优势产业的线下展厅。该平台由东北大学援建，依托东北大学信息学科优势，以提高昌宁农业信息化水平，实现优质农副产品"走出去"、将外面的市场"引进来"为目标，以线上线下销售结合、文旅融合的方式，利用现有股东资源、整合市场资源，打造"云上昌宁"系列农特产品。项目已完成一期投资160万元，目前运营中心建设即将收尾，东北大学技术团队已完成数据迁移相关工作，平台初步具备运营条件，计划于11月11日正式上线试运营。熊晓梅表示，平台要树立用户思维，顺应业态发展，灵活调整经营方式方向，助推昌宁实现农产品畅销增值、农民增收致富、地域品牌鲜明、乡村全面振兴的良好局面。熊晓梅和昌宁县委常委、宣传部部长杨胡辉共同为"东北大学帮扶昌宁县信息化建设基地"揭牌。

10月27日，熊晓梅一行来到东北大学援建的昌宁县卡斯镇龙潭社区大泺部自然村乡村振兴示范项目点调研。示范点负责人介绍了大泺部自然村的发展基础、生态基础、产业基础、人才基础和文化基础，以及东北大学服务该乡村振兴示范项目的工作方案及目前工作推进情况。熊晓梅希望，示范点要深度调研用户需求，不断提升游客体验，在产业发展、公共基础设施建设、傣族非物质文化保护建设等方面不断发力，通过包括学校在内的多方资金的投入，发挥学校人才、科技优势，积极开展傣族文化挖掘、美丽乡村设计规划、村容改造、道路改造、生态治理、组织建设及人才培训等工作，实现产业结构优化升级、生态环境美丽宜居、民族文化传承发扬、人才培育可持续发展、组织建设引领乡村发展等目标，打造宜业、宜居、宜游的美丽村庄。

2023年5月17日，东北大学校长冯夏庭、副校长徐峰在学校相关部门负责人的陪同下到云南省昌宁县调研乡村振兴工作，深入昌宁县漭水镇幼儿园和河尾社区，田园镇龙泉社区、新华社区德禄寨等地调研东北大学帮扶项目建设情况，出席东北大学助力昌宁教育发展捐赠仪式和昌宁育才教育事业促进会授牌仪式，并开展了昌宁县—东北大学调研交流会、与研究生支教团学生座谈交流会等活动。

5月17日上午，徐峰一行首先来到由东北大学帮扶建设的昌宁县漭水镇幼儿园，实地察看了由东北大学捐资援建的蓄水池等幼儿园基础设施，听取了有关幼儿园发展情况的汇报。徐峰表示，东北大学将持续汇聚帮扶资源，用心用情为山区的孩子们做实事、做好事，为孩子们送来东北大学师生的关爱，助力孩子们健康快乐成长。

随后，徐峰一行参观考察了河尾社区等东北大学参与规划建设的特色产业基地，听取相关负责人的工作汇报，了解昌宁县发展特色农业、推动乡村振兴、服务地方经济发展的各项举措，以及茶叶等农产品的销路和农民增收情况。

千里送真情，书香润茶乡。5月17日下午，在昌宁县图书馆，冯夏庭一行参加了东北大学助力云南省昌宁教育发展捐赠仪式，为东北大学软件学院少年强国团队颁发捐赠证书。东北大学相关部门负责人和教师为昌宁育才教育事业促进会颁发捐赠牌。此次东北大学为昌宁县图书馆捐赠图书2073册，软件学院捐赠给昌宁县计算机（台式机）40台，用于更戛乡中心完全小学心灵驿站建设，并在六一儿童节到来之际，捐赠给昌宁县妇联印有东北大学百年校庆标识的书包500个；同时，软件学院少年强国团队还为昌宁县捐赠资金10万元，用于儿童之家建设项目。此举将促进昌宁各学校教学设备得以进一步补齐，部分困难学生后顾之忧得以进一步解决，昌宁教育部分短板进一步得到改善。

冯夏庭表示，百年大计，教育为本，关心支持教育发展，是各级各部门和全社会的共同使命，衷心希望东北大学捐赠的软硬件教育资源能够满足昌宁更多群众尤其是孩子们多样化、数字化的学习需求和愿望，助力孩子们从小养成热爱读书、刻苦学习的好习惯，全身心地投入到学习中去，用知识回报家乡、回报社会。

在东北大学帮扶昌宁县信息化建设基地，冯夏庭一行听取了供销社相关负责人对"面向智慧农业的云上昌宁公共信息服务平台"的介绍，详细了解"云上昌宁"区域品牌的建设运营管理情况，并

参观了展现昌宁五个文化、八大优势产业的线下展厅。该平台由东北大学援建，一期投资 160 万元，于 2021 年 11 月正式上线运营，该平台依托东北大学信息学科优势，以提高昌宁农业信息化水平，实现优质农副产品"走出去"、将外面的市场"引进来"为目标，以线上线下销售结合、文旅融合的方式，打造"云上昌宁"系列农特产品。冯夏庭希望，平台以互联网思维顺应业态发展，灵活调整经营方式方向，助推昌宁实现农产品畅销增值、农民增收致富、地域品牌鲜明、乡村全面振兴的良好局面。

在田园镇龙泉社区，冯夏庭一行听取了东北大学支持该社区龙潭绿美乡村建设项目情况的汇报。东北大学给予该项目资金支持 15 万元，主要用于道路加宽硬化、安全护栏、挡墙支砌、绿化种植、村民活动广场硬化等。目前项目正在施工，预计 11 月下旬建设完工。通过党建引领定方向、真情帮扶修道路治环境、群众参与净村寨美家园、产业发展带增收促振兴等扎实举措，东北大学帮助该社区加强人居环境治理，吸引更多游客，有效拉动消费，带动周边种植生态水果、瓜菜以及经营小吃摊、农家乐，促进群众增收。冯夏庭与昌宁县副县长张加全共同为东北大学定点帮扶龙泉社区乡村振兴基地揭牌。

在田园镇新华社区，冯夏庭实地察看了新华社区德禄寨东北大学帮扶项目建设情况，并听取了工作汇报。据悉，东北大学2021年投入20万元帮助新华社区修建太阳能路灯50盏，2023年投入30万元用于德禄寨乡村振兴示范点建设，在德禄寨沿路进行墙体彩绘，打造亲子农场，开展亲子农场认种，在相应节令组织亲子主题活动。东北大学派驻田园镇新华社区驻村第一书记朴羽同志于2022年组织成立"羽宁启梦"爱心团队，教育帮扶新华社区高中阶段优秀学生，共计帮扶学生17名，累计帮扶助学金5万余元。

东北大学与昌宁县双方在昌宁县委开展工作座谈交流。昌宁县副县长张加全表示，东北大学自定点帮扶昌宁以来，始终心系昌宁、情挂昌宁，在技术、信息、人才、资金、政策等方面积极想办法、出实招、见实效，把高校特色优势与昌宁县发展短板结合起来，把先进的理念、人才、技术等要素传播到昌宁，树立了美誉度较高的高校帮扶品牌。2022年，昌宁县地区生产总值突破200亿元大关，居全市第二位。2023年，昌宁县将全面推进乡村振兴，着力建设滇西最美田园城市、滇西高原特色农业示范区、绿色硅材精深加工示范区、辐射滇西南重要交通要道。

校长冯夏庭表示，非常欣喜地看到昌宁近年来在基础设施建设、人居环境改善、产业振兴发展等方面的可喜变化，并向昌宁县各项事业发展取得的新成就表示热烈祝贺。冯夏庭表示，自2013年起，东北大学与昌宁县建立了长期、友好的结对帮扶关系，校地双方心手相连，学校始终将定点帮扶作为重大政治任务纳入重要议事日程，积极对接需求、发挥优势，汇聚力量、尽锐出战，精准开展教育、科技、消费、党建、医疗帮扶等，走出了一条特色鲜明、科学高效的帮扶之路。昌宁人民已成为东大人心中难以割舍的一部分，东大人一直尽己所能，用心、用情、用力书写好乡村振兴光荣征程上的东大答卷。党的二十大作出全面推进乡村振兴、加快建设农业强国的战略部署，学校将紧紧围绕乡村振兴总目标、总方针、总要求，站在以中国式现代化全面推进中华民族伟大复兴全局的高度，进一步深入挖掘学校特色，精准对接昌宁县各项需求，深化双方务实合作，全力以赴助力昌宁县在乡村振兴新征程上取得新的更大成绩。

冯夏庭指出，2023年，东北大学迎来了百年华诞，立足建校百年新起点，学校将紧扣以质量为核心的内涵发展主线，瞄准一流学科、一流人才、一流师资、一流科研、一流保障，开辟发展新领域新赛道、塑造发展新动能新优势，奋力推动一流大学建设实现新突破，向着高质量发展新征程奋勇迈进。诚挚邀请昌宁县领导赴东北大学交流指导，共襄百年庆典盛会，擘画发展蓝图，深化务实合作，共商振兴大计，携手共创昌宁"永世其昌、顺达尔宁"发展新局面、同启东大一流建设新篇章。

5月17日晚，冯夏庭与东北大学赴昌宁研究生支教团进行座谈。研支团成员分别汇报了在昌宁职业技术学院支教期间的教学、生活等方面的情况以及自身成长的心得体悟。冯夏庭表示，党以重教为先，政以兴教为本，民以助教为荣。同学们在最美好的青春年华投身祖国西部，用一年的时间做一件终身难忘的事，在投身基层一线、助力乡村振兴的实践中深刻体悟国情，不断淬炼成长，为祖国贡献青春力量，是难得的、宝贵的人生际遇。冯夏庭勉励学子们，努力学习习近平总书记关于教育的重要论述，坚持为党育人、为国育才，支教团队之间要密切配合，善于沟通、善于总结、主动作为，讲好东大支教故事，传递东大支教好声音，凝聚东大支教智慧，擦亮东大支教品牌，让所学专业与当地学子需求、产业发展需求精准对接，实现教学、工作效果最优化、最大化，更好服务昌宁经济社会发展，促进自身能力素质提升。

东北大学认真贯彻落实教育部等四部门发布的《关于实现巩固拓展教育脱贫攻坚成果同乡村振兴有效衔接的意见》，在过渡期内严格落实"四个不摘"要求，不断创新帮扶机制，持续做好定点帮扶昌宁的各项工作，为接续推进脱贫地区发展和群众生活改善、朝着逐步实现全体人民共同富裕的目标继续前进作出高校应有的贡献。

振兴记忆

　　自2013年以来，东北大学坚持"输血"与"造血"并举，精准施策，在人才、科技、教育、产业等方面给予昌宁县大力帮扶，先后选派15名工作经验丰富、政治素质过硬的优秀教师到昌宁挂职；累计投入帮扶资金1560余万元，帮助引进各类资金1785万元，培训地方干部和专业技术人员21497人次；购买和帮助销售农特产品2997.5万元，以实际行动全力助推昌宁县巩固脱贫攻坚成果、推进乡村振兴。

诗文链接

汲江煎茶

宋·苏轼

活水还须活火烹，自临钓石取深清。
大瓢贮月归春瓮，小杓分江入夜瓶。
雪乳已翻煎处脚，松风忽作泻时声。
枯肠未易禁三碗，坐听荒城长短更。

考文献

[1] 刘盼盼，郑鹏程，龚自明，等.工夫红茶品质分析与综合评价
[J].食品科学，2021，42（12）：195-205.

[2] 宛晓春.茶叶生物化学[M].3版.北京：中国农业出版社，
2003：36-39.

[3] 周静芸，黄瑞，欧阳珂，等.不同叶位芽叶在工夫红茶加工过程
中理化品质的变化[J].食品科学，2023，44（1）：53-62.

[4] 冯绍裘.“滇红”史略[J].中国茶叶，1981（6）：2-3.

[5] 习近平.高举中国特色社会主义伟大旗帜　为全面建设社会主义
现代化国家而团结奋斗：在中国共产党第二十次全国代表大会
上的报告[N].人民日报，2022-10-26（1）.

[6] 中共中央国务院关于实施乡村振兴战略的意见[N].人民日报，
2018-02-05（1）.

[7] 陈红伟.滇红茶的创制与发展[J].中国茶叶加工，2003（2）：
39-40.

[8] 梁名志，陈林波，夏丽飞，等.云南名特优茶[M].昆明：云南科
技出版社，2018.

[9] 汪云刚，梁名志，张俊.云南茶叶初制技术[M].昆明：云南科
技出版社，2009.

[10] 东北大学多措并举齐发力，助力昌宁乡村振兴[EB/OL].（2022-

12-28）[2023-05-04]. http://www.moe.gov.cn/jyb_xwfb/xw_zt/moe_357/jjyzt_2022/2022_zt04/dongtai/gaoxiao/202212/t20221228_1036819.html.

[11] 王绍梅, 宋文明. 滇红工夫茶初制技术 [J]. 福建茶叶, 2013, 35 (2)：29-31.

[12] 张成仁. 滇红工夫茶的品质特征及加工技术 [J]. 中国茶叶加工, 2018 (4)：58-62.

[13] 中国非物质文化遗产网 [EB/OL]. (2021-01-01) [2023-03-05]. https://www.ihchina.cn/.